儿童趣味百科

U0243321

MATHS
NO PROBLEM!

英国数学真简单团队/编著　华云鹏　王庆庆/译

DK儿童数学分级阅读 第五辑

乘法和除法

数学真简单！

电子工业出版社·

Publishing House of Electronics Industry

北京·BEIJING

Original Title: Maths—No Problem! Multiplication and Division, Ages 9–10 (Key Stage 2)
Copyright © Maths—No Problem!, 2022
A Penguin Random House Company

版权贸易合同登记号　图字：01-2024-1979

图书在版编目（CIP）数据

DK儿童数学分级阅读. 第五辑. 乘法和除法 / 英国数学真简单团队编著；华云鹏，王庆庆译. --北京：电子工业出版社，2024.5
ISBN 978-7-121-47697-6

Ⅰ.①D… Ⅱ.①英… ②华… ③王… Ⅲ.①数学—儿童读物 Ⅳ.①O1-49

中国国家版本馆CIP数据核字（2024）第075167号

出版社感谢以下作者和顾问：Andy Psarianos, Judy Hornigold, Adam Gifford和Anne Hermanson博士。
已获Colophon Foundry的许可使用Castledown字体。

责任编辑：苏　琪
印　　刷：鸿博昊天科技有限公司
装　　订：鸿博昊天科技有限公司
出版发行：电子工业出版社
　　　　　北京市海淀区万寿路173信箱　　邮编：100036
开　　本：889×1194　1/16　印张：18　字数：303千字
版　　次：2024年5月第1版
印　　次：2024年11月第2次印刷
定　　价：128.00元（全6册）

凡所购买电子工业出版社图书有缺损问题，请向购买书店调换。若书店售缺，请与本社发行部联系，联系及邮购电话：（010）88254888，88258888。
质量投诉请发邮件至zlts@phei.com.cn，盗版侵权举报请发邮件至dbqq@phei.com.cn。
本书咨询联系方式：（010）88254161转1868，suq@phei.com.cn。

www.dk.com

目 录

鲁比　　艾略特　　阿米拉　　查尔斯　　露露　　萨姆　　奥克　　霍莉　　拉维　　艾玛　　雅各布　　汉娜

倍数

准 备

拉维能每隔8数一次。

8, 16, 24, 32, 40,
48, 56, 64, 72, 80

你列出了8
的倍数。

萨姆的话是什么意思？

举 例

我们可以说8的倍数是能被8整除的数。
如果用8来乘一个整数，那么乘积就是8的倍数。

$1 \times 8 = 8$
$2 \times 8 = 16$
$3 \times 8 = 24$
$4 \times 8 = 32$
$5 \times 8 = 40$
$6 \times 8 = 48$
$7 \times 8 = 56$
$8 \times 8 = 64$
$9 \times 8 = 72$
$10 \times 8 = 80$
$11 \times 8 = 88$
$12 \times 8 = 96$

1	2	3	4	5	6	7	8	9	10
11	12	13	14	15	16	17	18	19	20
21	22	23	24	25	26	27	28	29	30
31	32	33	34	35	36	37	38	39	40
41	42	43	44	45	46	47	48	49	50
51	52	53	54	55	56	57	58	59	60
61	62	63	64	65	66	67	68	69	70
71	72	73	74	75	76	77	78	79	80
81	82	83	84	85	86	87	88	89	90
91	92	93	94	95	96	97	98	99	100

在这个100以内
数的表格中，
橙色的数都是8
的倍数。

1	2	3	4	5	6	7	8	9	10
11	12	13	14	15	16	17	18	19	20
21	22	23	24	25	26	27	28	29	30
31	32	33	34	35	36	37	38	39	40
41	42	43	44	45	46	47	48	49	50
51	52	53	54	55	56	57	58	59	60
61	62	63	64	65	66	67	68	69	70
71	72	73	74	75	76	77	78	79	80
81	82	83	84	85	86	87	88	89	90
91	92	93	94	95	96	97	98	99	100

1 （1）用圆圈标出3的倍数。

（2）用方框标出7的倍数。

2 在方框内填入合适的倍数。

（1）4的倍数

4, 8, ☐ , 16, ☐ , ☐ , ☐ , 32, 36, ☐ ,

☐ , ☐ , ……

（2）6的倍数

6, ☐ , ☐ , 24, ☐ , ☐ , ☐ , ☐ , 54,

60, ☐ , ☐ , ……

3 根据示例（1），在方框内填入合适的数字。

（1）8是1，2，4和8的倍数。

（2）6是1， ☐ ， ☐ 和 ☐ 的倍数。

（3）10是1， ☐ ， ☐ 和 ☐ 的倍数。

因数

准 备

鲁比和查尔斯在玩摆放卡片游戏，要使每一排的卡片数量都相等。

请问鲁比和查尔斯有几种摆放方式呢？

举 例

鲁比和查尔斯可以只摆放一排。

我们说1和12都是12的因数。

一共一排，12张卡片。

$1 \times 12 = 12$

他们可以将卡片摆成2排，每排6张卡片。

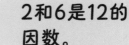

$2 \times 6 = 12$

2和6是12的因数。

他们可以摆3排，每排4张卡片。

$3 \times 4 = 12$

3和4是12的因数。

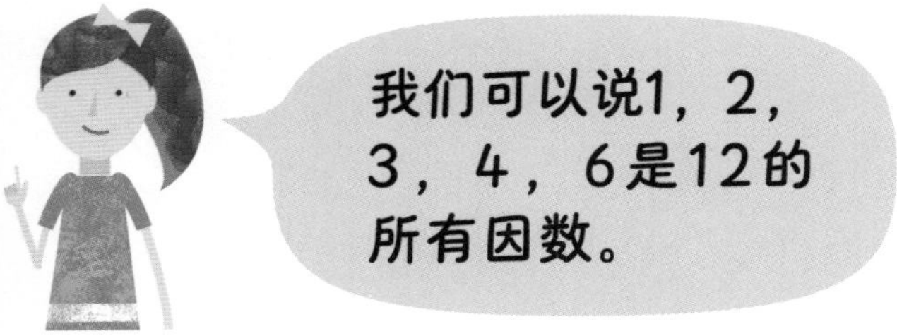

我们可以说1，2，3，4，6是12的所有因数。

12能被它的因数整除，不会有余数。

练 习

填空。

1 (1) ☐ × 1 = 8   ☐ × 2 = 8

☐ × 4 = 8   ☐ × 8 = 8

8的因数是 ☐ ， ☐ ， ☐ 和 ☐ 。

(2) ☐ × 1 = 14   ☐ × 2 = 14

☐ × 7 = 14   ☐ × 14 = 14

14的因数是 ☐ ， ☐ ， ☐ 和 ☐ 。

(3) ☐ × ☐ = 21   ☐ × ☐ = 21

21的因数是 ☐ ， ☐ ， ☐ 和 ☐ 。

2 (1) 18的因数是 ☐ ， ☐ ， ☐ ， ☐ ， ☐ 和 ☐ 。

(2) 16的因数是 ☐ ， ☐ ， ☐ ， ☐ 和 ☐ 。

公因数

准 备

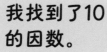

我找到了10的因数。

1, 2, 5, 10

我找到了15的因数。

1, 3, 5, 15

哪些数是10和15共同的因数呢？

举 例

1是所有整数的因数。

$1 × 10 = 10$ $2 × 5 = 10$

10的因数是1，2，5和10。
1和5是10和15的公因数。

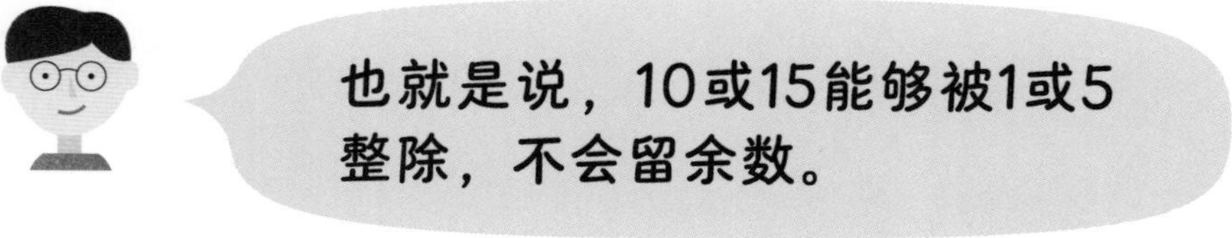

$1 × 15 = 15$ $3 × 5 = 15$

15的因数是1，3，5和15。

也就是说，10或15能够被1或5整除，不会留余数。

找到6和18的公因数。

$1 \times 6 = 6$　　　　$1 \times 18 = 18$

$2 \times 3 = 6$　　　　$2 \times 9 = 18$

　　　　　　　　$3 \times 6 = 18$

6的因数是1，2，3和6。

18的因数有1，2，3，6，9和18。

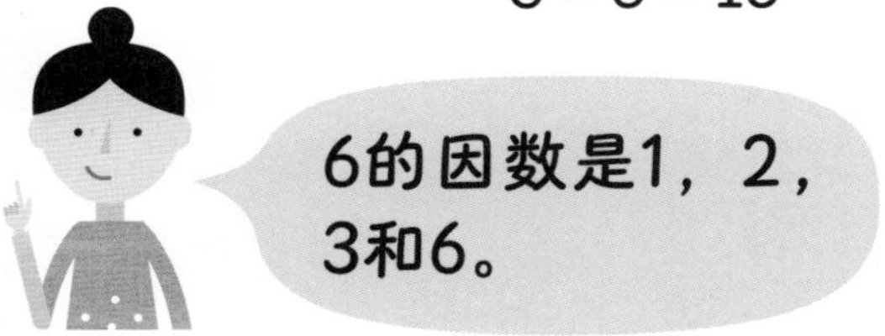

6和18的公因数是1，2，3和6。

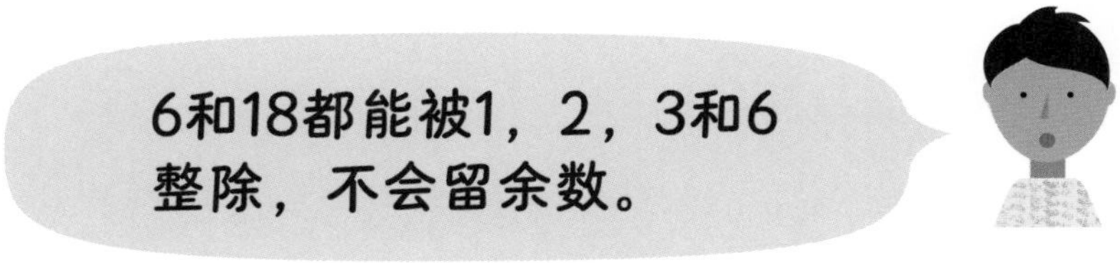

6和18都能被1，2，3和6整除，不会留余数。

练 习

1 填空。

(1) 24的因数是 ☐，☐，☐，☐，☐，☐，☐和☐。

(2) 32的因数是 ☐，☐，☐，☐，☐。和☐。

(3) 24和32的公因数是 ☐，☐，☐和☐。

2 写出三个含有以下公因数的数。

(1) 2, 4, 8　☐，☐，☐。

(2) 3, 5, 10　☐，☐，☐。

9

合数、平方和质数

准 备

露露找出了6，4，3的因数。

这些因数和这些数字有什么

关联呢？

6的因数是1，2，3和6。
4的因数是1，2和4。
3的因数是1和3。

举 例

数字6有4个因数。
6的因数是1，2，3和6。

我们可以用6个圆圈摆成一排。

$1 × 6 = 6$

我们也可以摆两排，每排3个圆圈。

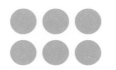

$2 × 3 = 6$

当一个数的因数超过2个，我们就称这个数为合数。

4有3个因数。
4的因数是1，2和4。

我们可以用4个圆圈摆成一排。

$1 × 4 = 4$

我们还可以摆成两排，每排两个圆圈。

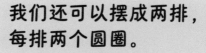

$2 × 2 = 4$

我们把4称为平方数。

平方数的因数个数是奇数。

我们把2 × 2写成 2²。

3有两个因数。
3的因数为1和3。

我们把2²读作"2的平方"。

3个圆圈我们只能摆成一排。

$1 × 3 = 3$

3是质数。

质数只有两个因数，分别为1和这个数本身。

练 习

① 找出下列数的因数。

(1) 8的因数是 [_____] 。

(2) 16的因数是 [_____] 。

(3) 13的因数是 [_____] 。

② 列出三个质数。

[____] , [____] , [____]

③ 列出三个因数个数是奇数的数。

[____] , [____] , [____]

平方数

准 备

雅各布用小方块组成下列正方形图案。

还需要多少小方块才能组成下一个正方形图案呢？

举 例

这个正方形图案由1排1个方块组成。

1是个平方数。

$1 \times 1 = 1^2$

我们把1^2读作"1的平方"。

这个正方形图案由2排2个方块组成。

4是一个平方数。

$2 \times 2 = 4$
$2 \times 2 = 2^2$

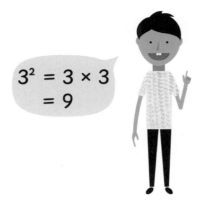

$3^2 = 3 \times 3$
$\quad = 9$

3 × 3 = 9

3 × 3 = 3²

9是一个平方数。

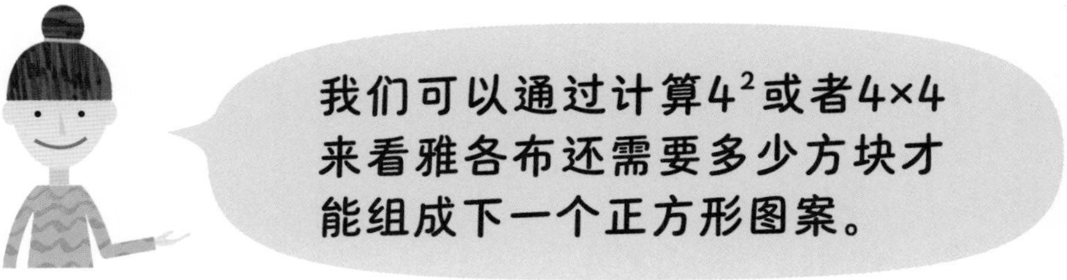

我们可以通过计算4²或者4×4来看雅各布还需要多少方块才能组成下一个正方形图案。

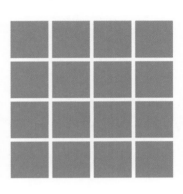

$4^2 = 4 \times 4$
$\quad = 16$

1，4，9和16是平方数。

练 习

1 根据示例，在方框中填写平方数。

(1) $1^2 = 1 \times 1 = 1$

(2) $2^2 = 2 \times 2 = 4$

(3) $3^2 = 3 \times 3 = \boxed{}$

(4) $4^2 = \boxed{} \times \boxed{} = \boxed{}$

(5) $5^2 = \boxed{} \times \boxed{} = \boxed{}$

(6) $8^2 = \boxed{} \times \boxed{} = \boxed{}$

(7) $10^2 = \boxed{} \times \boxed{} = \boxed{}$

立方数

准 备

艾玛该怎样表示这个她刚刚搭建的物体形状呢？

举 例

我们可以用2×2×2，分别代表长×宽×高，来表示这个正方体。

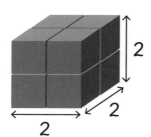

$$2 \times 2 \times 2 = 2^3$$
$$= 8$$

我们说2^3是一个立方数。

我们用这个正方体的长×宽×高来表示这个立方体，也就是3×3×3。

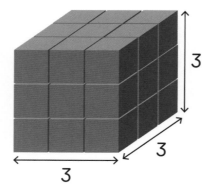

$$3 \times 3 \times 3 = 3^3$$
$$= 27$$

3^3是一个立方数。

1 下图中的大正方体由多少个小正方体组成？

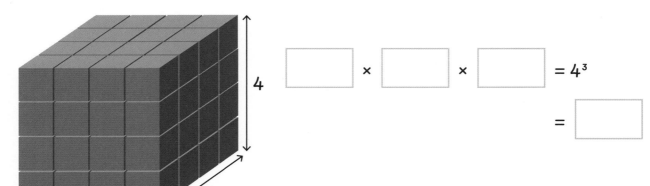

4

4

4

$$\boxed{} \times \boxed{} \times \boxed{} = 4^3$$

$$= \boxed{}$$

由 $\boxed{}$ 个小正方体组成。

2 填空。

(1) $1^3 = \boxed{} \times \boxed{} \times \boxed{} = \boxed{}$

(2) $2^3 = \boxed{} \times \boxed{} \times \boxed{} = \boxed{}$

(3) $3^3 = \boxed{} \times \boxed{} \times \boxed{} = \boxed{}$

(4) $4^3 = \boxed{} \times \boxed{} \times \boxed{} = \boxed{}$

(5) $5^3 = \boxed{} \times \boxed{} \times \boxed{} = \boxed{}$

(6) $6^3 = \boxed{} \times \boxed{} \times \boxed{} = \boxed{}$

10、100 和 1000 做乘数

准 备

一个泳池水深2米。

某条河的深度是该泳池的10倍。

某湖泊的深度是该泳池的100倍。

某片海的深度是该泳池的1 000倍。

请问：河、湖和海的深度分别为多少？

举 例

千	百	十	个
			2

×10 →

千	百	十	个
		2	0

$2 × 10 = 20$

20是2的十倍。

$2 × 10 = 20$

这条河的深度为20米。

千	百	十	个
			2

×100 →

千	百	十	个
	2	0	0

$2 × 100 = 200$

20是2的十倍。
200是2的一百倍。

$2 \times 100 = 200$

这个湖泊的深度是200米。

千	百	十	个
			2

×1000 →

千	百	十	个
2	0	0	0

2000是2的1000倍。

这片海洋的深度是2 000米。

练习

1 补全下列数位表中每个位置的数字，并填空。

(1) $7 \times 100 = \boxed{}$

千	百	十	个
			7

×100 →

千	百	十	个

(2) $9 \times 1000 = \boxed{}$

千	百	十	个
			9

×1000 →

千	百	十	个

2 填空。

(1) $13 \times 10 = \boxed{}$

(2) $27 \times \boxed{} = 2700$

(3) $14 \times 1000 = \boxed{}$

(4) $234 \times \boxed{} = 234\,000$

两位数和三位数的乘法

准 备

学校为游园会准备了8提纸杯以及6箱纸杯。每提纸杯有14个杯子。每个箱子里126个纸杯。

请问学校一共为游园会准备了多少个纸杯？

举 例

算出8提纸杯一共有多少个。

4 × 8 = 32

```
      1   4
   ×      8
   ─────────
      3   2
   ─────────

   ─────────
```

先个位相乘。

10 × 8 = 80

```
      1   4
   ×      8
   ─────────
      3   2
   +  8   0
   ─────────
   1  1   2
```

再十位相乘。

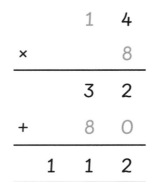

14 × 8 = 112

8提纸杯一共有112个。

算出6箱纸杯一共有多少个。

```
      1   2   6
  ×           6
  ─────────────
          3   6
```

先个位相乘。

$6 × 6 = 36$

```
      1   2   6
  ×           6
  ─────────────
          3   6
      1   2   0
```

再十位相乘。

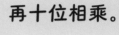

$2个十 × 6 = 12个十$
$= 120$

$20 × 6 = 120$

$100 × 6 = 600$

```
      1   2   6
  ×           6
  ─────────────
          3   6
      1   2   0
  +   6   0   0
  ─────────────
      7   5   6
```

百位相乘。

$126 × 6 = 756$
6箱纸杯一共有756个。

$112 + 756 = 868$
学校一共为游园会准备了868个纸杯。

1 运用乘法并填空。

$$\begin{array}{ccc} & 1 & 3 & 2 \\ \times & & & 7 \\ \hline \end{array}$$

2 × 7 = ☐

30 × 7 = ☐

100 × 7 = ☐

132 × 7 = ☐

2 运用乘法并填空。

(1) 147 × 3 = ☐

(2) 216 × 4 = ☐

$$\begin{array}{ccc} & 1 & 4 & 7 \\ \times & & & 3 \\ \hline \end{array}$$

$$\begin{array}{ccc} & 2 & 1 & 6 \\ \times & & & 4 \\ \hline \end{array}$$

3 夏天，某园艺中心每天需要给花浇165升水，则一周需要浇多少升水？

该园艺中心一周需要浇 ☐ 升水。

4 一趟开往伯明翰的列车已满员，每节车厢有146名乘客。如果列车一共有8节车厢，则该列车一共有多少名乘客？

该列车一共有 ☐ 名乘客。

四位数乘法（一）

准 备

拉维父亲的自行车价值1 232元。拉维母亲自行车的价格是父亲的2倍。那么两辆自行车总价值是多少？

举 例

一个长条代表1232元。计算3个长条总共多少元。

```
                1232
拉维父亲的自行车   ▭
拉维母亲的自行车   ▭▭        } ?
```

1232 × 3 = ?

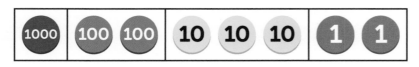

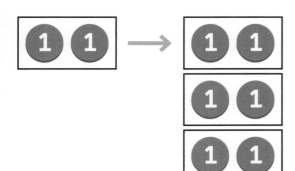

$$\begin{array}{r} 1\ 2\ 3\ 2 \\ \times\qquad 3 \\ \hline 6 \end{array}$$

2 × 3 = 6

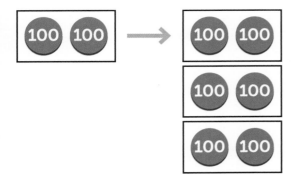

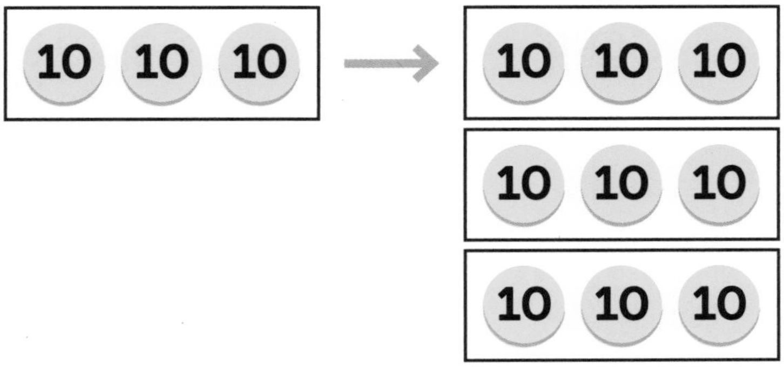

$$\begin{array}{r} 1\ 2\ 3\ 2 \\ \times\qquad 3 \\ \hline 6 \\ 9\ 0 \end{array}$$

3个十 × 3 = 9个十

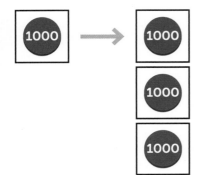

$$\begin{array}{r} 1\ 2\ 3\ 2 \\ \times\qquad 3 \\ \hline 6 \\ 9\ 0 \\ 6\ 0\ 0 \end{array}$$

2个百 × 3 = 6个百

$$\begin{array}{r} 1\ 2\ 3\ 2 \\ \times\qquad\quad 3 \\ \hline 6 \\ 9\ 0 \\ 6\ 0\ 0 \\ +\ 3\ 0\ 0\ 0 \\ \hline 3\ 6\ 9\ 6 \end{array}$$

1个千 × 3 = 3个千

$$
\begin{array}{r}
1\ 2\ 3\ 2 \\
\times\ 3 \\
\hline
6 \\
9\ 0 \\
6\ 0\ 0 \\
+\ 3\ 0\ 0\ 0 \\
\hline
3\ 6\ 9\ 6 \\
\end{array}
$$

$2 \times 3 = 6$

$30 \times 3 = 90$

$200 \times 3 = 600$

$1000 \times 3 = 3000$

$1232 \times 3 = 3696$

1长条 = 1232

3长条 = 1232 × 3

$= 3696$

两辆自行车的总价为3696元。

练 习

1 运用乘法计算并填空。

(1) $2131 \times 2 = $ ☐

$1 \times 2 = $ ☐

$30 \times 2 = $ ☐

$100 \times 2 = $ ☐

$2000 \times 2 = $ ☐

(2) $3123 \times 3 = $ ☐

$3 \times 3 = $ ☐

$20 \times 3 = $ ☐

$100 \times 3 = $ ☐

$3000 \times 3 = $ ☐

2 运用乘法计算并填空。

(1) $2122 \times 4 = \boxed{}$

$$
\begin{array}{r}
2\ 1\ 2\ 2 \\
\times\ \ \ \ \ \ 4 \\
\hline
\boxed{} \\
\boxed{}\ \boxed{} \\
\boxed{}\ \boxed{}\ \boxed{} \\
+\ \boxed{}\ \boxed{}\ \boxed{}\ \boxed{} \\
\hline
\boxed{}\ \boxed{}\ \boxed{}\ \boxed{}
\end{array}
$$

(2) $3323 \times 3 = \boxed{}$

$$
\begin{array}{r}
3\ 3\ 2\ 3 \\
\times\ \ \ \ \ \ 3 \\
\hline
\boxed{} \\
\boxed{}\ \boxed{} \\
\boxed{}\ \boxed{}\ \boxed{} \\
+\ \boxed{}\ \boxed{}\ \boxed{}\ \boxed{} \\
\hline
\boxed{}\ \boxed{}\ \boxed{}\ \boxed{}
\end{array}
$$

3 计算乘积。

(1) $1223 \times 3 = \boxed{}$

(2) $4233 \times 2 = \boxed{}$

(3) $3021 \times 3 = \boxed{}$

(4) $2012 \times 4 = \boxed{}$

四位数乘法（二）

准 备

在阿拉伯联合酋长国的迪拜有一家
酒店，有1 348位客人要在酒店住一周。
每天早上每位客人都要吃早餐。
一周酒店需要准备多少份早餐？

举 例

$1348 \times 7 = $ ☐

1周有7天。

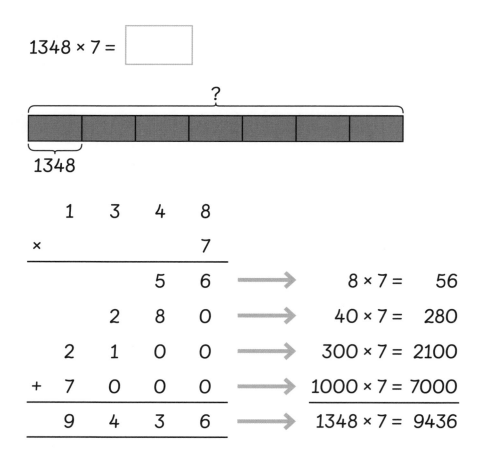

	1	3	4	8
×				7

		5	6	⟶	$8 \times 7 =$	56
	2	8	0	⟶	$40 \times 7 =$	280
2	1	0	0	⟶	$300 \times 7 =$	2100
+ 7	0	0	0	⟶	$1000 \times 7 =$	7000
9	4	3	6	⟶	$1348 \times 7 =$	9436

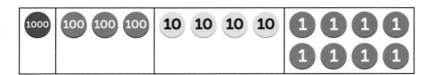

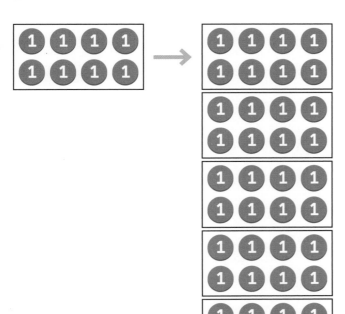

$$
\begin{array}{ccccc}
 & 1 & 3 & {}^{5}4 & 8 \\
\times & & & & 7 \\
\hline
 & & & & 6 \\
\hline
\end{array}
$$

$8 \times 7 = 56$

将56看作5个十和6个一。

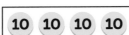

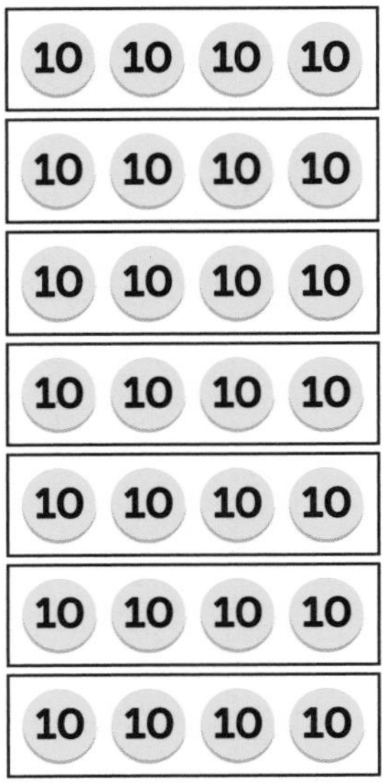

$$
\begin{array}{ccccc}
 & 1 & {}^{3}3 & {}^{5}4 & 8 \\
\times & & & & 7 \\
\hline
 & & & 3 & 6 \\
\hline
\end{array}
$$

将33个十看作3个百和3个十。

4个十 $\times 7 = 28$个十

28个十 $+ 5$个十 $= 33$个十

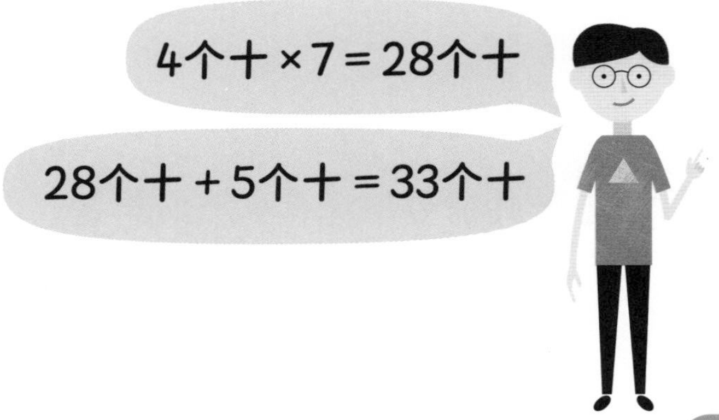

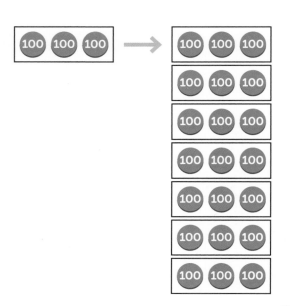

$$\overset{2}{1}\quad\overset{3}{3}\quad\overset{5}{4}\quad 8$$
$$\times\qquad\qquad\quad 7$$
$$\overline{\qquad 4\quad\; 3\quad\; 6}$$

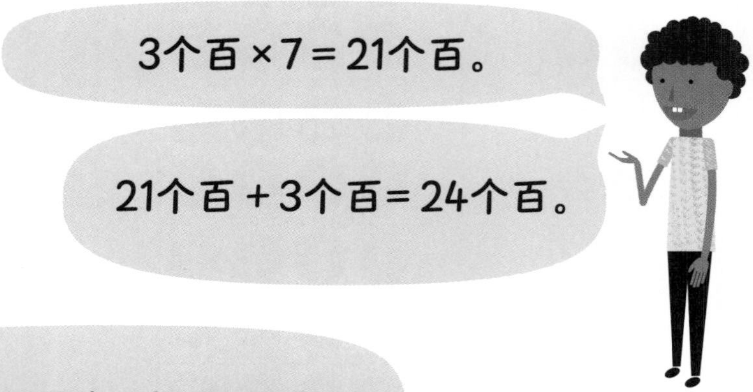

3个百×7＝21个百。

21个百＋3个百＝24个百。

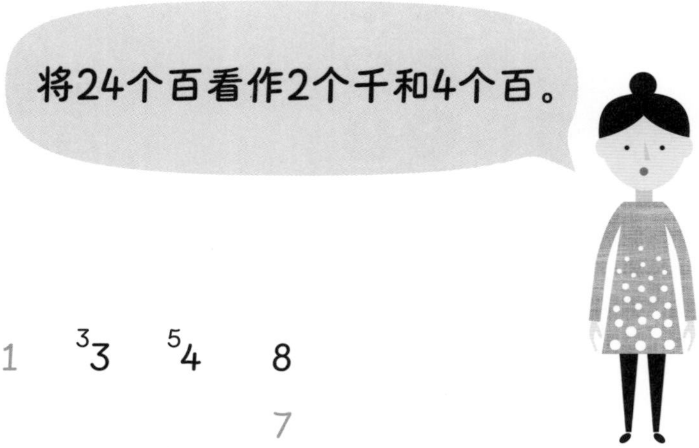

将24个百看作2个千和4个百。

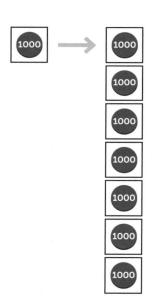

$$\overset{2}{1}\quad\overset{3}{3}\quad\overset{5}{4}\quad 8$$
$$\times\qquad\qquad\qquad 7$$
$$\overline{9\quad 4\quad 3\quad 6}$$

1个千×7＝7个千。

7个千＋2个千＝9个千

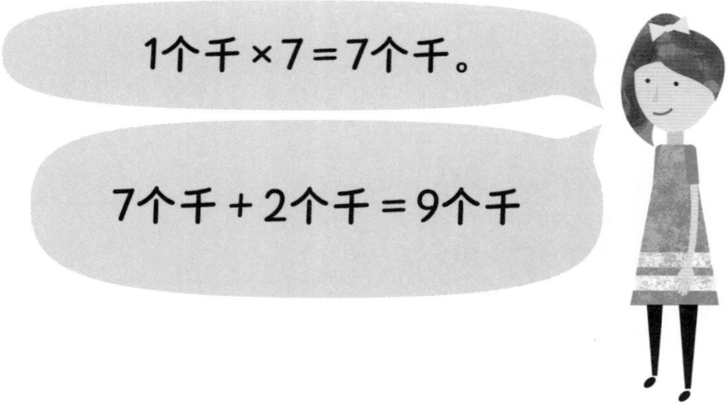

1348 × 7 = 9436

这周酒店一共需要准备9 436份早餐。

运用乘法并填空。

1　(1) 1426 × 3 = ⬚

　　　1000 × 3 = ⬚

　　　400 × 3 = ⬚

　　　20 × 3 = ⬚

　　　6 × 3 = ⬚

　　(2) 2571 × 4 = ⬚

　　　2000 × 4 = ⬚

　　　500 × 4 = ⬚

　　　70 × 4 = ⬚

　　　1 × 4 = ⬚

2　(1)　　1　8　3　9
　　　×　　　　　　6
　　―――――――――

　　(2)　　2　1　7　4
　　　×　　　　　　7
　　―――――――――

3　现有6个空集装箱准备装船。如果每个集装箱重1987千克，则6个集装箱总质量是多少？

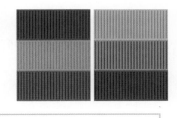

6个集装箱的总质量为 ⬚ 千克。

两位数相乘（一）

准 备

某餐馆有11张桌子，每张桌子有14位客人，则该餐馆一共有多少客人？

举 例

14 × 11 = ?

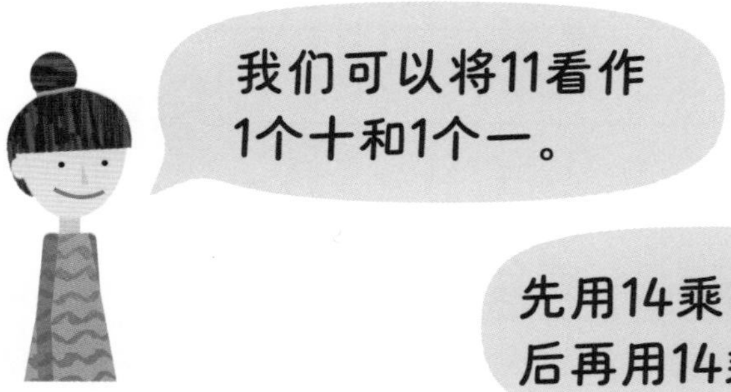

我们可以将11看作1个十和1个一。

先用14乘以1，然后再用14乘以10。

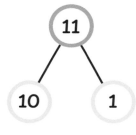

14 ×　1 ＝　14
14 × 10 ＝ 140
14 × 11 ＝ 154

一共有154位客人。

另一个餐馆有23张桌子，每张桌子有12位客人。

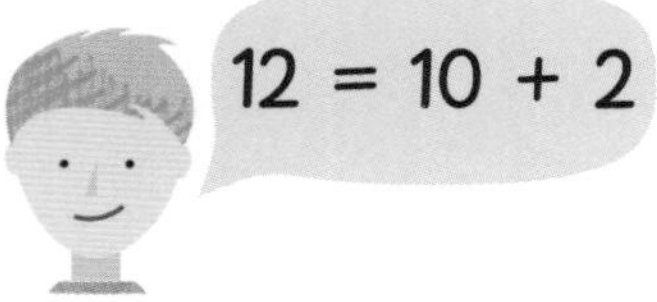

12 = 10 + 2

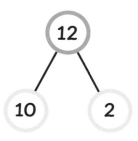

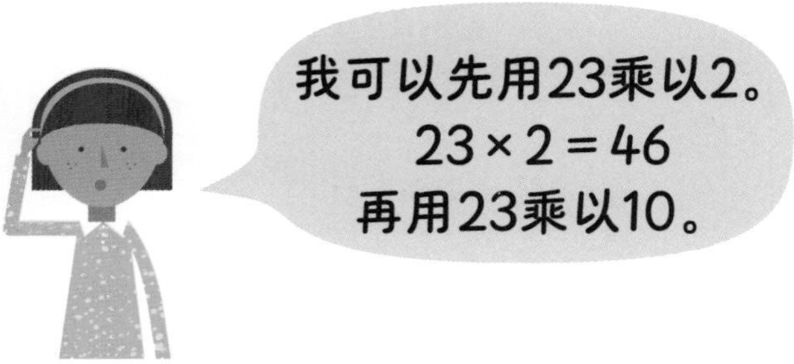

我可以先用23乘以2。
23 × 2 = 46
再用23乘以10。

23 × 10 = 230
23 × 2 = 46
23 × 12 = 276

230 + 46 = 276

这个餐馆一共有276位客人。

 练 习

运用乘法计算并填空。

1 (1) 31 × 11 = 〔　　〕

　　31 × 1 = 〔　　〕

　　31 × 10 = 〔　　〕

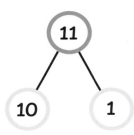

　(2) 23 × 13 = 〔　　〕

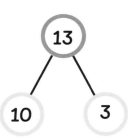

2 (1) 44 × 12 = 〔　　〕　　　(2) 33 × 22 = 〔　　〕

两位数相乘（二）

准 备

花商做了37捧玫瑰准备在店里售卖。他用24朵玫瑰花做成一捧，那么他一共用了多少朵玫瑰花？

举 例

$37 × 24 = ?$

先用37乘以4。再用37乘以20。

3个十 × 4 = 12个十

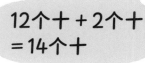

12个十 + 2个十 = 14个十

$$
\begin{array}{r}
^{2}3\ \ 7 \\
\times\ \ 2\ \ 4 \\
\hline
8
\end{array}
\qquad
\begin{array}{r}
^{2}3\ \ 7 \\
\times\ \ 2\ \ 4 \\
\hline
1\ \ 4\ \ 8
\end{array}
$$

$7 × 4 = 28$

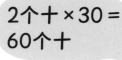

2个十 × 30 = 60个十

60个十 = 6个百

$$
\begin{array}{r}
^{1}\ ^{2}3\ \ 7 \\
\times\ \ \ 2\ \ 4 \\
\hline
1\ \ 4\ \ 8 \\
4\ \ \ \ \
\end{array}
\qquad
\begin{array}{r}
^{1}\ ^{2}3\ \ 7 \\
\times\ \ \ 2\ \ 4 \\
\hline
1\ \ 4\ \ 8 \\
+\ 7\ \ 4\ \ \ \\
\hline
8\ \ 8\ \ 8
\end{array}
$$

2个十 × 7 = 14个十

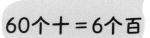

6个百 + 1个百 = 7个百

还有其它办法来计算37 × 24吗?

$37 \times 2 = 74$
$37 \times 4 = 148$

$37 \times 2 = 74$
$37 \times 20 = 740$

$37 \times 4 = 148$
$37 \times 20 = 740$
_____
$37 \times 24 = 888$

我通过把37翻倍再翻倍来计算37乘以4。

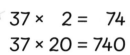

$37 \times 2 = 74$

花商总共用了888朵玫瑰花。

练 习

运用乘法计算并填空。

1 (1) $32 \times 31 = \boxed{}$

$32 \times 1 = \boxed{}$

$32 \times 30 = \boxed{}$

(2) $23 \times 24 = \boxed{}$

$23 \times 4 = \boxed{}$

$23 \times 20 = \boxed{}$

2 (1)

```
      3  7
×     2  6
_____
[            ]
+ [          ]
_____
[            ]
```

(2)

```
      4  8
×     3  9
_____
[            ]
+ [          ]
_____
[            ]
```

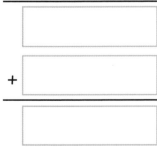
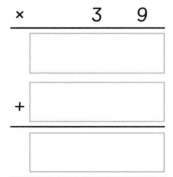

10、100 和 1000 做除数

准 备

某仓库打包团队需要将徽章、贴纸和钥匙扣打包并发往某商店。徽章需要用箱子打包，每箱有1000枚。贴纸需要用包装盒打包，每盒有100张。钥匙扣需要用袋子打包，每袋有10个。

这些物品一共会装满多少箱、多少盒、多少袋？

仓库会有剩余物品吗？

物品	存货数量
徽章	3713
贴纸	7692
钥匙扣	2348

举 例

用3 713除以1 000。

3713 = 3000 + 713
3000 ÷ 1000 = 3

打包团队会装满3箱徽章。

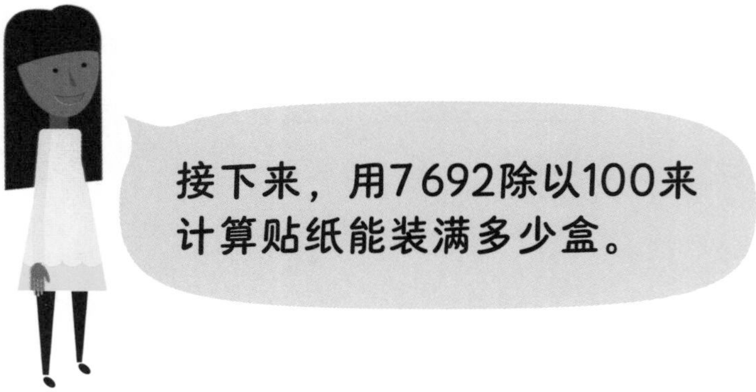

接下来，用7 692除以100来计算贴纸能装满多少盒。

7692 = 7000 + 600 + 92

我们可用从3 000中分出3组1 000出来。

仓库会剩下713枚徽章。

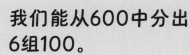

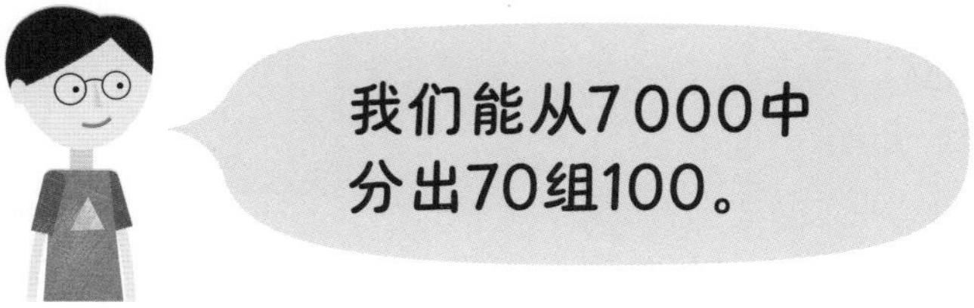

我们能从7000中分出70组100。

我们能从600中分出6组100。

7000 ÷ 100 = 70
600 ÷ 100 = 6

打包团队会装满76盒贴纸。

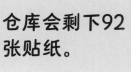

仓库会剩下92张贴纸。

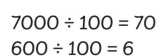

用2348除以10。

2348 = 2000 + 300 + 40 + 8
2000 ÷ 10 = 200
300 ÷ 10 = 30
40 ÷ 10 = 4

打包团队会装满234袋钥匙扣。

仓库会剩下8个钥匙扣。

练 习

运用除法计算并填空。

 (1) 500 ÷ 10 = ☐   (2) 2000 ÷ 10 = ☐

(3) 300 ÷ 100 = ☐   (4) 6000 ÷ 100 = ☐

(5) 2000 ÷ 1000 = ☐   (6) 9000 ÷ 1000 = ☐

 (1) 2000 ÷ 20 = ☐   (2) 4000 ÷ 40 = ☐

(3) 100 ÷ 50 = ☐   (4) 1000 ÷ 50 = ☐

(5) 10 000 ÷ 50 = ☐   (6) 10 000 ÷ 1000 = ☐

三位数除法

准备

梅菲尔德小学一共有844个小朋友。将这些小朋友平均分成4组，每组有多少个小朋友？

举例

$844 \div 4 = ?$

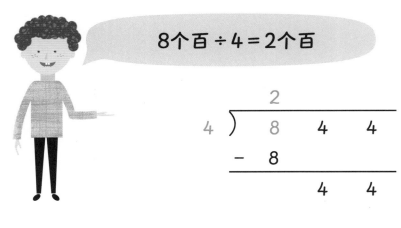

8个百 ÷ 4 = 2个百

```
        2
  4 ) 8  4  4
    - 8
        4  4
```

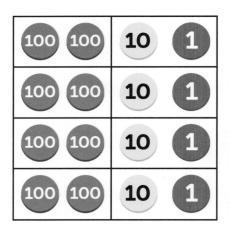

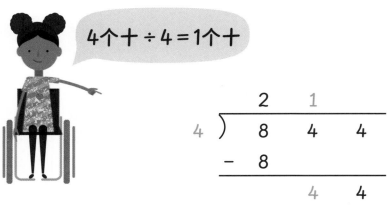

4个十 ÷ 4 = 1个十

```
        2  1
  4 ) 8  4  4
    - 8
        4  4
```

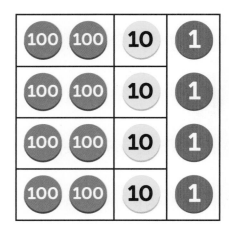

4个一 ÷ 4 = 1

将800除以4后，还剩下44没有被除。

将40除以4后，还有4没有被除。

我们用4除以4。

```
              2    1    1
        4  )  8    4    4
           -  8
              ─────
                   4    4
              -    4
              ─────
                        4
              -         4
              ─────
                        0
```

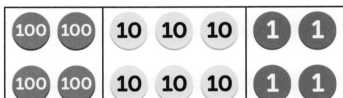

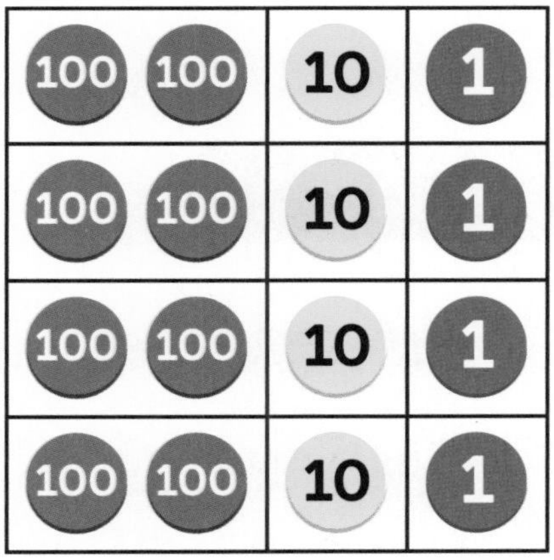

844 ÷ 4 = 211

每组有211个小朋友。

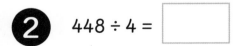
练 习

用除法计算并填空。

1　696 ÷ 3 = ☐

```
   3 ) 6   9   6
```

2　448 ÷ 4 = ☐

```
   4 ) 4   4   8
```

3　882 ÷ 2 = ☐

```
   2 ) 8   8   2
```

四位数除法

准备

每天都有一趟从曼彻斯特飞往迪拜的航班。一周之内共有5 271名乘客坐这趟飞机飞往迪拜。

假设每趟航班上的乘客数量相等，那么每趟航班上的乘客数量是多少？

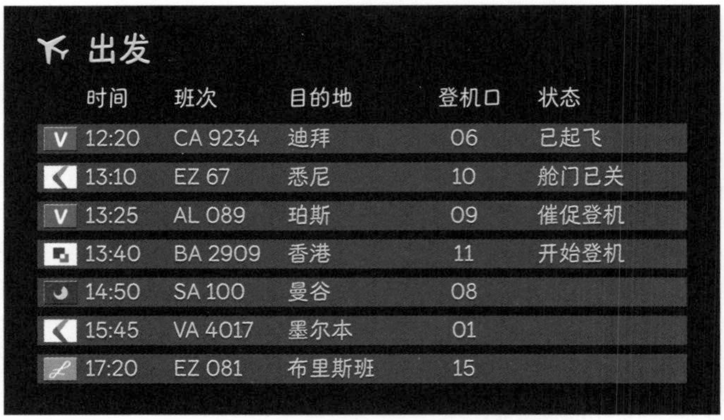

	出发			
时间	班次	目的地	登机口	状态
12:20	CA 9234	迪拜	06	已起飞
13:10	EZ 67	悉尼	10	舱门已关
13:25	AL 089	珀斯	09	催促登机
13:40	BA 2909	香港	11	开始登机
14:50	SA 100	曼谷	08	
15:45	VA 4017	墨尔本	01	
17:20	EZ 081	布里斯班	15	

举例

$5271 \div 7 = ?$

千位的数量不够分出1000组7。

我们需要用52个百除以7。

```
7 ) 5 2 7 1        →        7 ) 5 2 7 1
```

```
          7
7 )   5   2   7   1
  -   4   9
      3   7   1
```

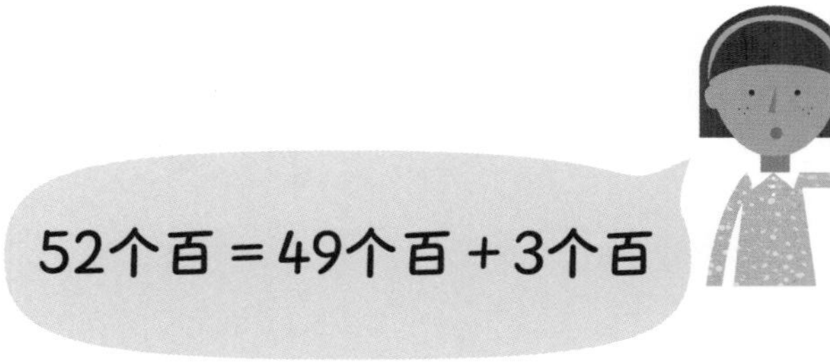

52个百 = 49个百 + 3个百

49个百 ÷ 7 = 7个百

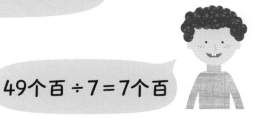

```
          7   5
7 )   5   2   7   1
  -   4   9
      3   7   1
      -   3   5
          2   1
```

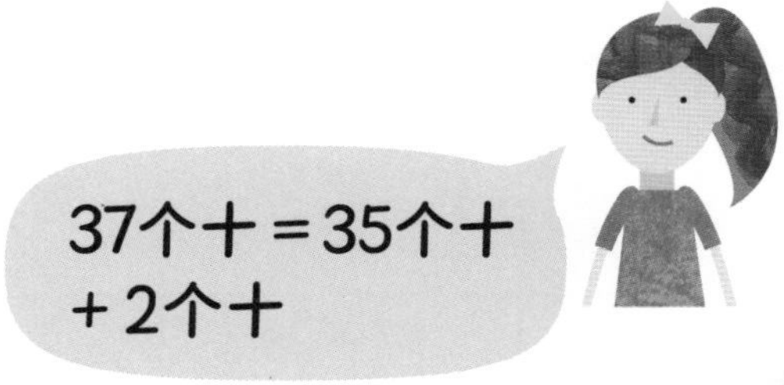

37个十 = 35个十 + 2个十

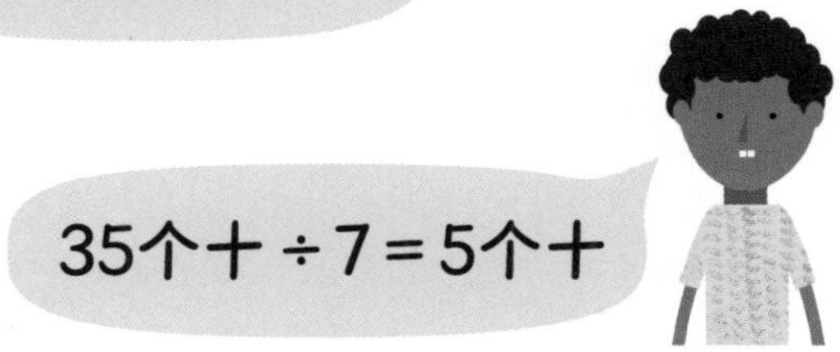

35个十 ÷ 7 = 5个十

```
          7   5   3
7 )   5   2   7   1
  -   4   9
      3   7   1
      -   3   5
          2   1
      -       2   1
                  0
```

21 ÷ 7 = 3

每趟航班上的乘客数量为753人。

运用除法并填空。

1 (1)

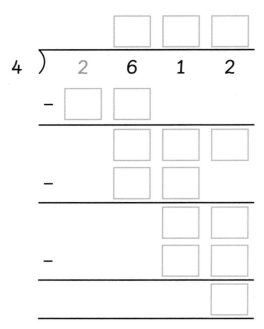

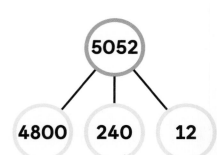

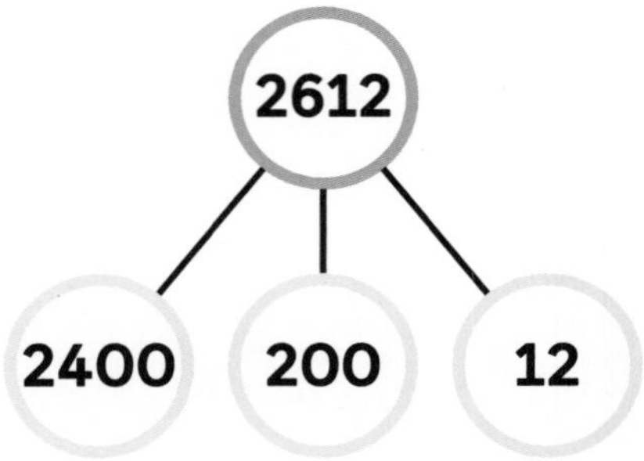

(2)

2 (1)

$$8 \overline{) \ 2 \quad 7 \quad 9 \quad 2}$$

(2)

$$3 \overline{) \ 2 \quad 6 \quad 2 \quad 2}$$

3 某电影院一周都坐满了人，一周内该影院一共有1 169人来观影。假设每晚前来观影的人数相等，那么每晚的观影人数是多少？

每晚的观影人数为 ☐ 人。

有余数的除法

准 备

现有盒装爆米花需要装箱发往商店。4盒装满一箱。

如果工厂有1453盒爆米花需要装箱，那么能装满多少箱？

工厂还剩几盒爆米花？

举 例

$1453 \div 4 = ?$

$1453 = 1200 + 253$

12个百可以被4整除。

$$4 \overline{) \begin{array}{ccccc} & & 3 & & \\ 1 & 4 & {}^2 5 & 3 \end{array}}$$

12个百 $\div 4 = 3$个百

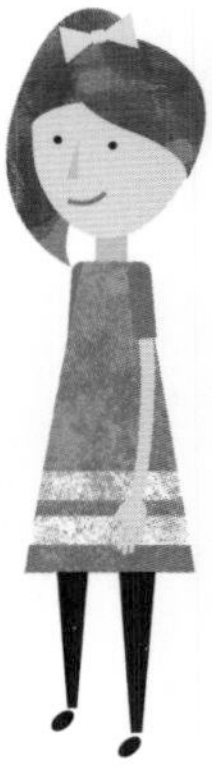

还有2个百没有被除。

$$4 \overline{) \begin{array}{ccccc} & 3 & 6 & & \\ 1 & 4 & {}^2 5 & 3 \end{array}}$$

2个百和5个十可以看成25个十。

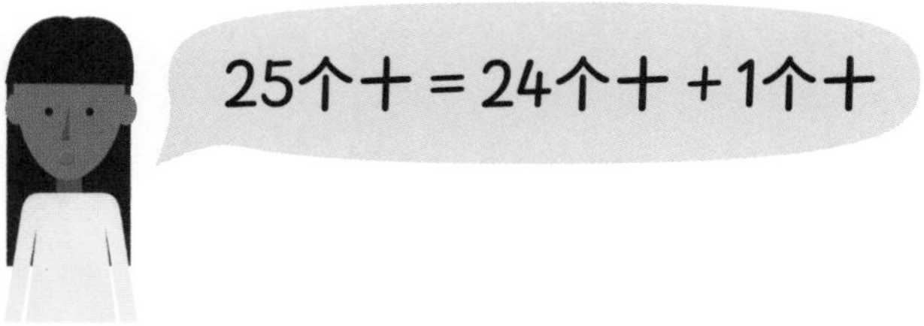

25个十 = 24个十 + 1个十

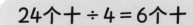

24个十 ÷ 4 = 6个十

$$\begin{array}{r} 3\ \ 6\ \ 3\ \ \text{余}\ 1 \\ 4\,\overline{)\ 1\ \ 4\ \ {}^2 5\ \ {}^1 3} \end{array}$$

还剩下1个十和3变为13。

13 = 12 + 1

12 ÷ 4 = 3

1453 ÷ 4 = 363余1

工厂能装满363箱。还剩下1包留在工厂。

练 习

运用除法计算。

1   3 ⟩ 1 2 3 7

2   4 ⟩ 1 6 5 8

3   3 ⟩ 1 1 4 7

4   6 ⟩ 2 7 4 6

回顾与挑战

1 依次写出4个7的倍数。

7, 14, 21, ☐ , ☐ , ☐ , ☐

2 列出32的因数。

☐

3 找出12和36的公因数。

☐

4 圈出质数。

18   45   11   31   56   3   17

5 写出5个大于2的平方数。

☐

6 写出3个大于2的立方数。

☐

7 填空

(1) $13 \times 10 =$ ☐

(2) $24 \times 100 =$ ☐

(3) $8 \times 1000 =$ ☐

(4) $73 \times 1000 =$ ☐

8 运用乘法计算并填空。

(1) $213 \times 2 =$ ☐

(2) $1332 \times 3 =$ ☐

9 运用除法计算并填空。

(1) $884 \div 2 =$ ☐

(2) $996 \div 3 =$ ☐

10 运用乘法计算。

(1)
```
      3  4
×     2  1
_____
```

(2)
```
      4  6
×     3  4
_____
```

11 运用除法计算。

(1)
☐ ☐ ☐
$4 \overline{)\ 8\ 5\ 6}$

(2)
☐ ☐ ☐ 余 ☐
$7 \overline{)\ 1\ 7\ 9\ 5}$

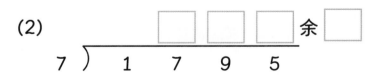

参考答案

第 5 页 1 (1–2)

1	2	3	4	5	6	7	8	9	10
11	12	13	14	15	16	17	18	19	20
21	22	23	24	25	26	27	28	29	30
31	32	33	34	35	36	37	38	39	40
41	42	43	44	45	46	47	48	49	50
51	52	53	54	55	56	57	58	59	60
61	62	63	64	65	66	67	68	69	70
71	72	73	74	75	76	77	78	79	80
81	82	83	84	85	86	87	88	89	90
91	92	93	94	95	96	97	98	99	100

2 **(1)** 12, 20, 24, 28, 40, 44, 48
(2) 12, 18, 30, 36, 42, 48, 54, 66, 72
3 **(2)** 1, 2, 3 和 6。**(3)** 2, 5和10。

第 7 页 1 **(1)** 8, 4, 2, 1。8的因数是1, 2, 4和8.
(2) 14, 7, 2, 1, 14的因数是1, 2, 7和14。
(3)可能的答案：3 × 7 = 21, 1 × 21 = 21, 7 × 3 = 21, 21 × 1 = 21。21的因数是 1, 3, 7和21。
2 **(1)** 1, 2, 3, 6, 9和18。
(2) 1, 2, 4, 8和16。

第 9 页 1 **(1)** 1, 2, 3, 4, 6, 8, 12和24。
(2) 1, 2, 4, 8, 16和32。
(3) 1, 2, 4和8。2 **(1)** 答案不唯一。例如：16, 24, 32。
(2)答案不唯一。例如：30, 60, 90。

第 11 页 1 **(1)** 1, 2, 4和8。**(2)** 1, 2, 4, 8和16。
(3) 1和13。2答案不唯一。例如：3, 5, 7。
3 答案不唯一。例如：4, 9, 16。

第 13 页 1 **(3)** 9 **(4)** 4 × 4 = 16 **(5)** 5 × 5 = 25
(6) 8 × 8 = 64 **(7)** 10 × 10 = 100

第 15 页 1 4 × 4 × 4 = 4^3 = 64。64。
2 **(1)** 1 × 1 × 1 = 1 **(2)** 2 × 2 × 2 = 8
(3) 3 × 3 × 3 = 27 **(4)** 4 × 4 × 4 = 64
(5) 5 × 5 × 5 = 125 **(6)** 6 × 6 × 6 = 216

第 17 页 1 **(1)** 700,

千	百	十	个
	7	0	0

(2) 9000,

千	百	十	个
9	0	0	0

2 **(1)** 130 **(2)** 100
(3) 14 000 **(4)** 1000

第 20 页 1

	1	3	2
×			7
		1	4
	2	1	0
+	7	0	0
	9	2	4

14, 210, 700, 924。

2 **(1)** 441

	1	4	7
×			3
		2	1
	1	2	0
+	3	0	0
	4	4	1

(2) 864

	2	1	6
×			4
		2	4
		4	0
+	8	0	0
	8	6	4

第 21 页 3

		1	6	5
×				7
			3	5
		4	2	0
+		7	0	0
	1	1	5	5

1155。

4

		1	4	6
×				8
			4	8
		3	2	0
+		8	0	0
	1	1	6	8

1168。

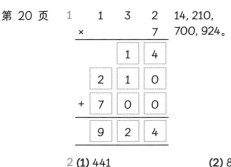

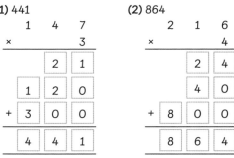

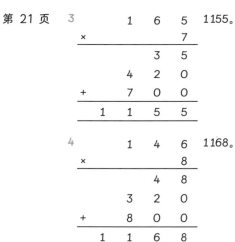

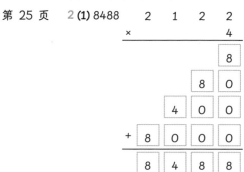

第 24 页 1 **(1)** 4262, 2, 60, 200, 4000
(2) 9369, 9, 60, 300, 9000

第 25 页 2 **(1)** 8488

	2	1	2	2
×				4
				8
			8	0
		4	0	0
+	8	0	0	0
	8	4	8	8

(2) 9969
```
      3 3 2 3
  ×       3
          9
        6 0
      9 0 0
  + 9 0 0 0
    9 9 6 9
```

3 (1) 3669
```
    1 2 2 3
  ×       3
          9
        6 0
      6 0 0
  + 3 0 0 0
    3 6 6 9
```

(2) 8466
```
    4 2 3 3
  ×       2
          6
        6 0
      4 0 0
  + 8 0 0 0
    8 4 6 6
```

(3) 9063
```
    3 0 2 1
  ×       3
          3
        6 0
      0 0 0
  + 9 0 0 0
    9 0 6 3
```

(4) 8048
```
    2 0 1 2
  ×       4
          8
        4 0
      0 0 0
  + 8 0 0 0
    8 0 4 8
```

第 29 页　**1 (1)** 4278, 3000, 1200, 60, 18
(2) 10 284, 8000, 2000, 280, 4

2 (1)
```
  ⁵1 ²8 ⁵3 9
  ×       6
  1 1 0 3 4
```
(2)
```
  ¹2 ⁵1 ²7 4
  ×       7
  1 5 2 1 8
```

3
```
  ⁵1 ⁵9 ⁴8 7    11922。
  ×       6
  1 1 9 2 2
```

第 31 页　**1 (1)** 341, 31, 310
(2) 299　**2 (1)** 528　**(2)** 726

第 33 页　**1 (1)** 992, 32, 960
(2) 552, 92, 460
2 (1)
```
  ¹3 ⁴7
  ×   2 6
    2 2 2
  + 7 4
    9 6 2
```
(2)
```
  ²7 ⁴8
  ×   3 9
      4 3 2
  + 1 4 4
    1 8 7 2
```

第 35 页　**1 (1)** 50　**(2)** 200
(3) 3　**(4)** 60
(5) 2　**(6)** 9
2 (1) 100　**(2)** 100
(3) 2　**(4)** 20
(5) 200　**(6)** 10

第 37 页　**1** 232
```
      2 3 2
  3 ) 6 9 6
    - 6
        9 6
      -   9
          6
      -   6
          0
```

2 112
```
      1 1 2
  4 ) 4 4 8
    - 4
        4 8
      - 4
          8
      -   8
          0
```

3 441
```
      4 4 1
  2 ) 8 8 2
    - 8
        8 2
      - 8
          2
      -   2
          0
```

第 40 页 1 (1)

```
      6 5 3
4 ) 2 6 1 2
  - 2 4
    2 1 2
  -   2 0
        1 2
  -     1 2
          0
```

(2)

```
      8 4 2
6 ) 5 0 5 2
  - 4 8
    2 5 2
  - 2 4
        1 2
  -     1 2
          0
```

第 41 页 2 (1)

```
      3 4 9
8 ) 2 7 9 2
  - 2 4
      3 9 2
  -   3 2
        7 2
  -     7 2
          0
```

(2)

```
      8 7 4
3 ) 2 6 2 2
  - 2 4
      2 2 2
  -   2 1
        1 2
  -     1 2
          0
```

3

```
      1 6 7    167。
7 ) 1 1 6 9
  -   7
      4 6 9
  -   4 2
        4 9
  -     4 9
          0
```

第 43 页 1

```
      4 1 2 余1
3 ) 1 2 3 7
```

2

```
      4 1 4 余2
4 ) 1 6 5 ¹8
```

3

```
      3 8 2 余1
3 ) 1 1 ²4 7
```

4

```
      4 5 7 余4
6 ) 2 7 ³4 ⁴6
```

第 44 页 1 28, 35, 42, 49 2 1, 2, 4, 8, 16, 32
3 1, 2, 3, 4, 6, 12 4 18, 45, (11), (31), 56, (3), (17)
5 4, 9, 16, 25, 36 6 8, 27, 64

第 45 页 7 (1) 130 (2) 2400
(3) 8000 (4) 73 000
8 (1) 426 (2) 3996
9 (1) 442 (2) 332

10 (1)

```
      3 4
  ×   2 1
      3 4
  + 6 8
    7 1 4
```

(2)

```
      ¹ ²4 6
  ×       3 4
        1 8 4
  +   1 3 8
      1 5 6 4
```

11 (1)

```
      2 1 4
4 ) 8 5 ¹6
```

(2)

```
        2 5 6 余
7 ) 1 7 ³9 ⁴5
```